万物有道理

图解万物百科全书

[西班牙] SOL90公司 著　周玮琪 译

自然世界

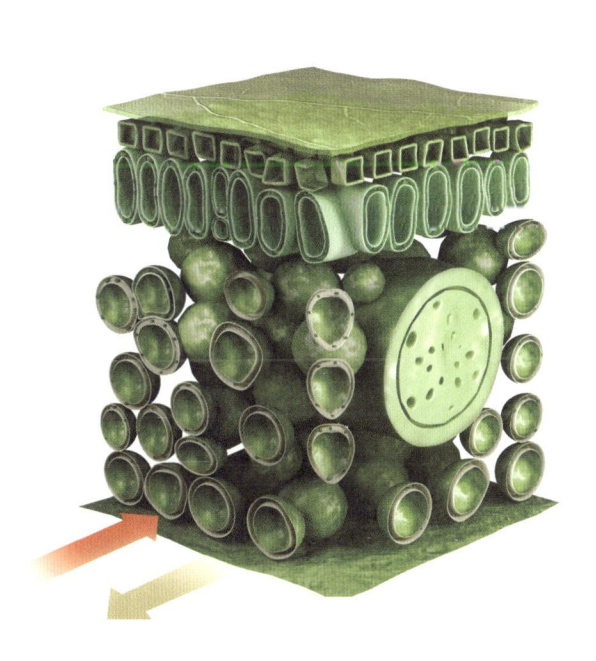

北京理工大学出版社

目录

自然世界

生命起源	3
植物王国	5
陆生植物	7
光合作用	9
无脊椎动物	11
爬行动物	13
鳄鱼	15
海洋生命	17
奇怪的鱼	19

两栖动物	21
鸟类	23
鸟的飞翔	25
不会飞的鸟	27
哺乳动物	29
哺乳动物的生命周期	31
速度和运动	33
濒危哺乳动物	35

自然世界

地球上至少有数百万种生物,它们经历了几十亿年的漫长进化,衍生出不同的种类,也就是物种。从肉眼难以捕捉的微小细菌,到100多米高的参天大树,不同物种展现出了千奇百怪的形态和大小。

昆虫捕手
变色龙的舌头长而黏,是捕捉昆虫的绝妙工具。

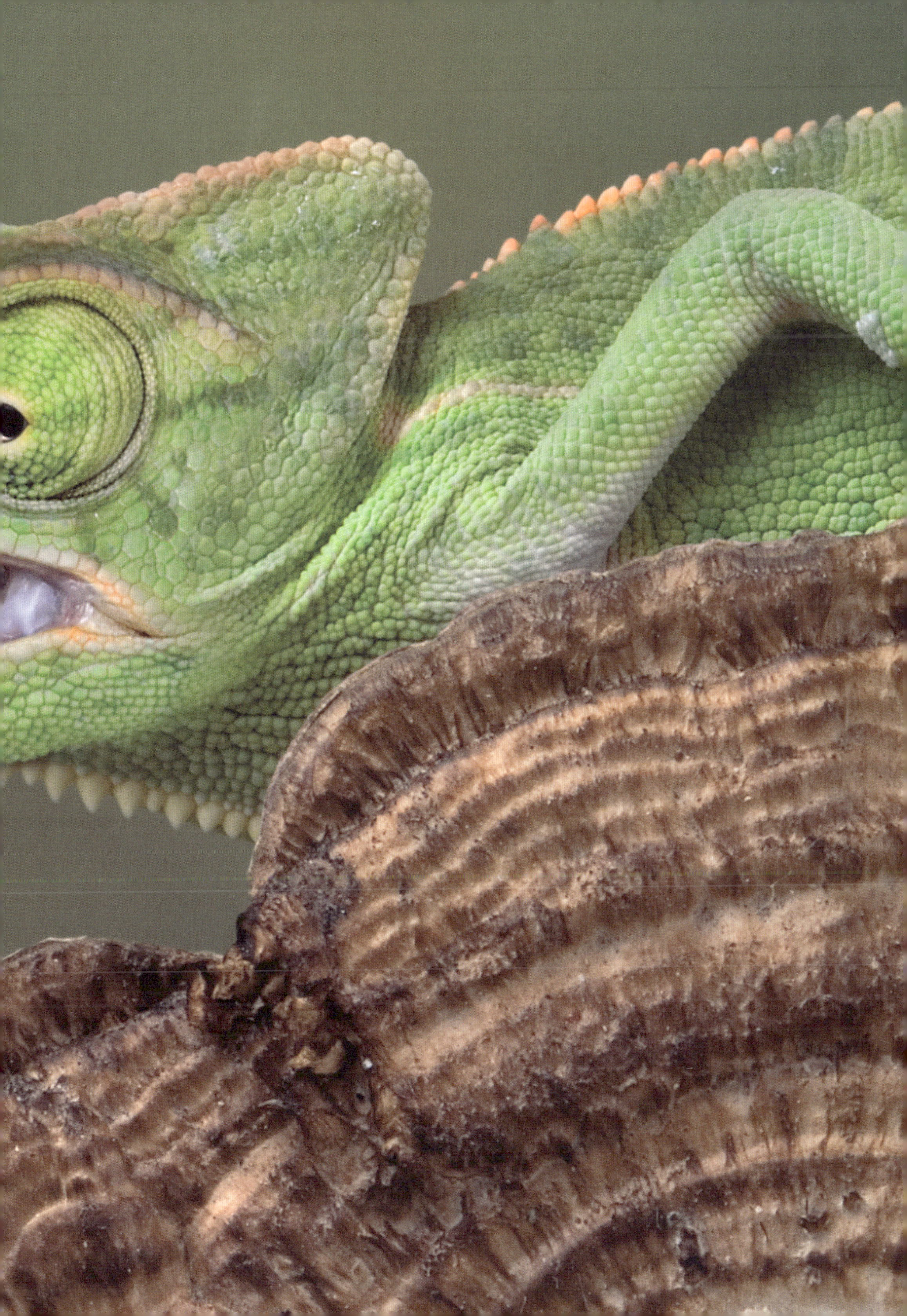

生命起源

大约46亿年前，地球进入萌芽期，那时的它和太阳一样炙热。11亿年后，随着地球表面逐渐冷却，细菌作为最早的生物出现了，并在此后的漫长岁月里，逐渐进化成为其他生命形式。正是这种进化过程，让我们看到了生物界的多姿多彩。

生命是这样开始的

地球
地球上最古老的岩石有46亿岁，直到那时，这颗行星才有了一层坚固的外壳。

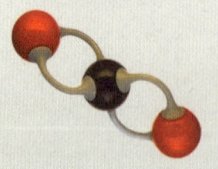

氧气
没有氧气，地球上就不会有生命。

46亿年前
地球主要由铁和硅构成。

40亿年前
陆地第一次出现。

瓣膜
在寒武纪时期，生命体用瓣膜或壳保护自己。

海百合
化石里的海百合曾经生活在志留纪。

寒武纪
大约在5.3亿年前，第一批非软体动物出现了。

两栖动物
第一批两栖动物有四肢、尾巴和蹼足。

3亿年前
地球上的陆地开始汇聚，组成了泛大陆。

2.5亿年前
大陆分离。

| 太古代 | 元古代 | 寒武纪 | 奥陶纪 | 志留纪 | 泥盆纪 | 石炭纪 | 二叠纪 |

前寒武纪 46亿—5.42亿年前　　　　**古生代** 5.42亿—2.51亿年前

生命起源 **4**

灭绝

化石记录了一个个脆弱的生命。现如今，大量物种已经灭绝。大约6 500万年前，地球气候发生了剧烈变化导致恐龙灭绝，而这种气候变化可能是由一颗大陨石撞击地球引起的。

捕食者
巨兽龙是体型最大的食肉恐龙。

泰坦鸟
这种不会飞的巨鸟生活在400万年前。

剑齿虎
剑齿虎看起来就像是现在的猫。恐龙灭绝后，它们成了陆地上的霸主。

尖牙
这是霸王龙的一颗牙齿，霸王龙是一种大型的食肉恐龙。

人类的近亲
就血缘关系而言，与现代人类最接近的是尼安德特人，他们（见右图）的遗骸于1856年被发现。

长颈
在所有恐龙里，巴洛龙的脖子是最长的。

南方古猿
阿法伦西斯生活在3 700万~2 900万年前，它们的体型比现代人类小得多。

6 300万年前
非洲、印度洋版块和美洲开始分离。

6 000万年前
大陆们变成了今天我们看到的样子。

| 三叠纪 | 侏罗纪 | 白垩纪 | 第三纪 | 第四纪 |

中生代 2.51亿—6 500万年前　　　　**新生代** 6 500万年前至今

5 自然世界

植物王国

全世界约有35万种不同的植物，它们大多数都附着在地上，利用阳光和一种特殊的绿色物质来为自己制作食物。这种特殊的物质就是叶绿素，而这个过程被称为光合作用。

1 绿藻
藻类可以生活在陆地、潮湿的树木上、植物之间，甚至是垃圾堆里。虽然没有叶子和根，它们同样可以通过光合作用来制造自己的食物。在众多的藻类中，只有绿藻被纳入植物的范畴，而其他藻类有着属于自己的独立王国。

9 550 岁
挪威云杉是松树的一种，其最古老的植株是在瑞典被发现的，已经有9 550岁高龄了。

2 苔藓植物
苔藓是苔藓植物的一种，它们没有运输水分和养分的组织。

3 非种子植物
非种子植物通过微小的孢子进行繁殖，而这些孢子没有储存食物的能力。在这一类群中，包括了最著名的蕨类植物。

分类

几乎所有的植物都开花，它们被称为被子植物。还有许多植物是维管植物，能通过体内特殊的组织来运输营养物质。

植物王国

- 非维管植物
  - 苔藓植物
  - 绿藻
- 维管植物
  - 非种子植物
  - 种子植物
- 被子植物
  （开花植物）
- 裸子植物

敏感的植物

藏红花的花朵会根据温度变化开放或闭合。

4 被子植物

被子植物用花进行繁殖，花朵会发育成有种子的果实。它们广泛分布在除南极洲以外的各个大陆，有着不同的外观和形状。我们所熟悉的玫瑰、兰花、小麦、咖啡树和橡树都是被子植物。

5 裸子植物

这些不开花的植物也能孕育自己的种子。常见的针叶树就是裸子植物的一种，包括松树、柏树、落叶松，等等。

真菌

包括蘑菇和霉菌在内，真菌都有着自己的独立王国。它们不是植物，没有可以制造食物的叶绿素，只能以其他的动植物为食。

陆生植物

最早的植物全都生活在水中。在过去的数百万年里，一些植物逐渐变化，开始在陆地，或潮湿的地方扎根。这些植物的结构也随之发生了变化，不仅可以阻止水分的流失，还能比水生植物更有效地利用太阳的能量。大约4.5亿年前，陆生植物首次在地球上出现。

真菌
真菌在陆生植物附近繁殖，并以此为食，或者与藻类结合形成地衣。

蕨类植物
蕨类植物生活在潮湿阴凉的地方，最大的能长到25米。

巨大的红杉是世界上最高的植物，它们可以长到110多米高。

陆生植物 **8**

附生植物
和其他附着在地上的植物不同，附生植物是生长在其他植物上的。

树
木质的树干充满力量，能生长到100多米的高度。

花
开花植物以其艳丽的色彩来吸引鸟类和昆虫。

征服陆地
根的存在是植物能够扎根土地的前提。根系不仅能将植物牢牢地固定在陆地上，还能从土壤中吸收水和矿物质，为植物输送养分。

陆生植物的角质层是一种防水的覆盖物，能保护它们免受风或阳光的伤害。而角质层上的小气孔可以通过打开或闭合来控制水分的流失。

苔藓
它们是一类最简单的陆生植物。

60厘米
竹子是生长最快的植物，有些种类，每天甚至能长高60厘米。

光合作用

植物体内有一种叫作叶绿素的绿色物质，通过它们植物可以进行光合作用，利用非植物或动物的物质生存。几乎所有的生物都将植物作为能量来源，因此，光合作用对地球上的生命至关重要。

叶

植物的叶是进行光合作用的主要媒介，它们需要源源不断的水来供应，而植物的根和茎在其中就发挥了传输水分的作用。

植物组织

植物细胞能吸收空气中的二氧化碳。在进行光合作用时，它们利用二氧化碳制造糖分并释放氧气。

角质层

绿化

叶绿素的存在使植物呈现绿色，而植物利用太阳能将无机物(如矿物质)转化为有机物质来为植物提供养分。

二氧化碳

氧气

光合作用 10

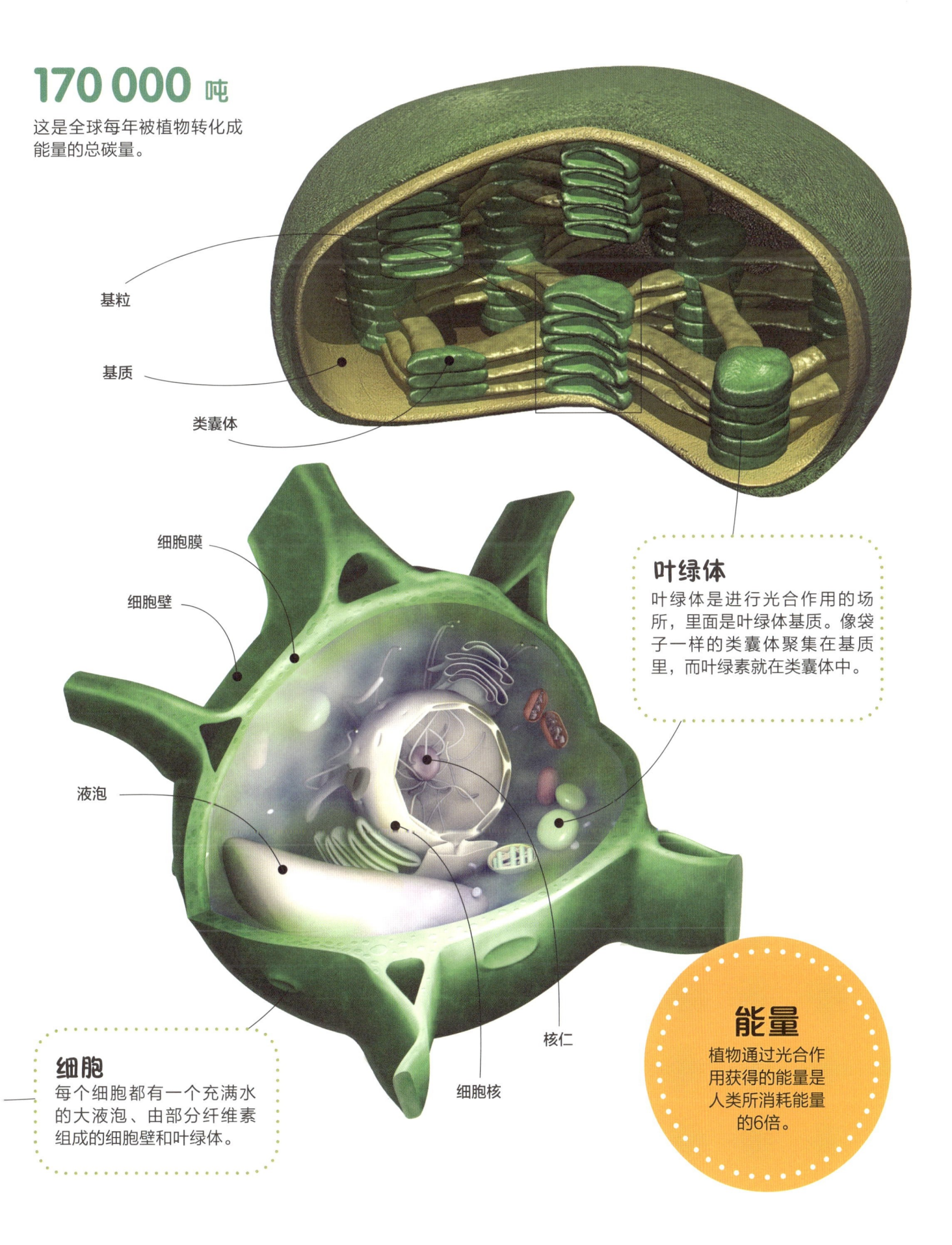

170 000 吨

这是全球每年被植物转化成能量的总碳量。

基粒

基质

类囊体

细胞膜

细胞壁

液泡

核仁

细胞核

叶绿体

叶绿体是进行光合作用的场所，里面是叶绿体基质。像袋子一样的类囊体聚集在基质里，而叶绿素就在类囊体中。

细胞

每个细胞都有一个充满水的大液泡、由部分纤维素组成的细胞壁和叶绿体。

能量

植物通过光合作用获得的能量是人类所消耗能量的6倍。

无脊椎动物

顾名思义，无脊椎动物就是没有脊椎的动物，它们是动物界最大的类群，每100种动物中就有98种是无脊椎动物。目前已鉴别的无脊椎动物有150多万种，从只有几毫米的浮游动物到体长超过10米的巨型鱿鱼，它们呈现出不同的体型和外观，相互之间差异悬殊。

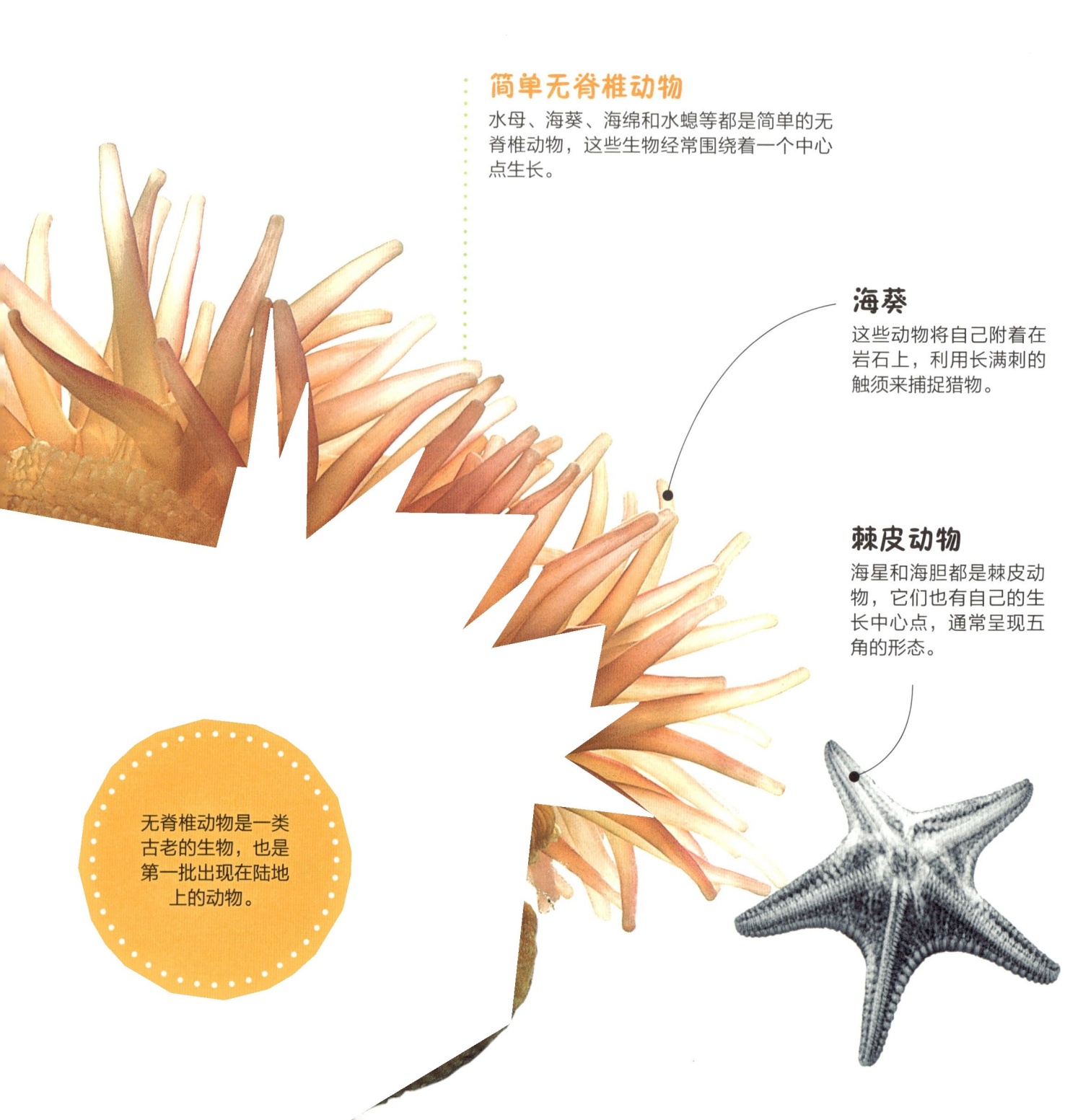

简单无脊椎动物
水母、海葵、海绵和水螅等都是简单的无脊椎动物，这些生物经常围绕着一个中心点生长。

海葵
这些动物将自己附着在岩石上，利用长满刺的触须来捕捉猎物。

棘皮动物
海星和海胆都是棘皮动物，它们也有自己的生长中心点，通常呈现五角的形态。

无脊椎动物是一类古老的生物，也是第一批出现在陆地上的动物。

无脊椎动物 12

头足类
章鱼、鱿鱼和乌贼等软体动物没有外壳。

双壳类
贻贝、蛤蜊和牡蛎等软体动物有两扇壳，被用类似铰链的方式连接在一起。

软体动物
蜗牛、贻贝和章鱼等软体动物通常生活在水中。它们身体柔软、没有关节，其中许多种类都有坚硬的外壳。

18米
这是巨型鱿鱼能达到的长度。

节肢动物
世界上大多数的无脊椎动物都是节肢动物。它们有外骨骼和具备关节的四肢。昆虫、甲壳动物、多足动物和蜘蛛都属于节肢动物。

多足动物
这一类节肢动物有许多腿，例如蜈蚣和马陆，后者就是常说的千足虫。

甲壳动物
甲壳动物的腹部有两对触角和腿，典型动物是螃蟹和龙虾。

昆虫
所有昆虫都长着三对腿和一对触角。有些还有翅膀。

爬行动物

爬行动物是脊椎动物，防水的皮肤外满是鳞片，但它们的幼仔却是从卵中孵化的。作为冷血动物，它们需要晒太阳来保持血液的温暖。除了南极，爬行动物几乎生活在世界的每一个角落，包括水域和陆地。

变色

为躲避天敌，爬行动物通常保持绿色或棕色的外表，巧妙地融入环境中。有时，为了求爱或者防御，它们会显示出艳丽的色彩。

起源

爬行动物由早期的两栖动物进化而来，早在3亿年前，它们就出现在地球上了。

鳄鱼

这些古老的爬行动物依靠四肢行走，在成年后变成庞然大物。它们大部分时间都泡在水里，除了少数咸水鳄外，大多数鳄鱼物种生活在淡水河流或湖泊中。

呼吸

爬行动物用肺呼吸，有些可以在水下长时间闭气。

鳞片

和人类的指甲一样，爬行动物的鳞片主要是由角蛋白构成的。

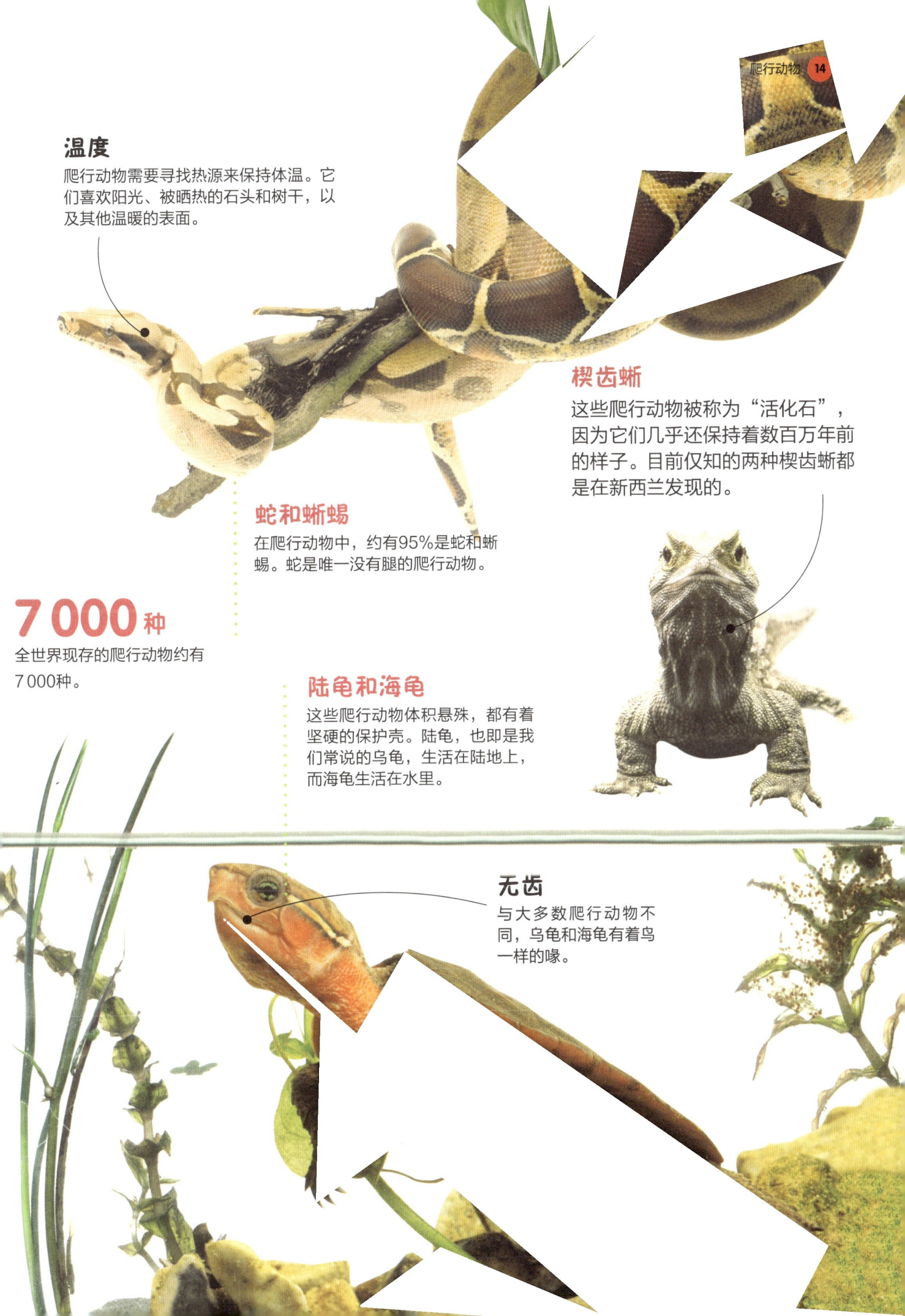

温度

爬行动物需要寻找热源来保持体温。它们喜欢阳光、被晒热的石头和树干，以及其他温暖的表面。

楔齿蜥

这些爬行动物被称为"活化石"，因为它们几乎还保持着数百万年前的样子。目前仅知的两种楔齿蜥都是在新西兰发现的。

蛇和蜥蜴

在爬行动物中，约有95%是蛇和蜥蜴。蛇是唯一没有腿的爬行动物。

7 000 种

全世界现存的爬行动物约有7 000种。

陆龟和海龟

这些爬行动物体积悬殊，都有着坚硬的保护壳。陆龟，也即是我们常说的乌龟，生活在陆地上，而海龟生活在水里。

无齿

与大多数爬行动物不同，乌龟和海龟有着鸟一样的喙。

鳄鱼

鳄鱼、凯门鳄和恒河鳄都是鳄目动物，有着游泳健将的称号。它们的眼睛和鼻子都位于头顶，以便它们在水中呼吸。鳄目动物广泛分布在亚洲、非洲、美洲和澳大利亚的热带地区，除了少数咸水鳄，它们大多数生活在淡水河流或湖泊中。鳄鱼都是可怕的猎手。

牙齿
它们用牙齿抓捕和控制猎物。

恒河鳄
为更好地捕食鱼类，这些爬行动物进化出了长而窄的鼻子和小而尖的牙齿。它们生活在亚洲的沼泽和河流中。

尾巴
有力的尾巴帮助它们游泳和跳跃。

换齿
在狩猎时失去旧齿的鳄鱼，很快就能长出新的牙齿。

它们是如何移动的？
虽然以优秀的游泳技能著称，但鳄鱼也能行走和跳跃。当它们预感到威胁时，甚至可以用每小时15公里的速度奔跑。

在水中
游泳时，鳄鱼摇摆自己的尾巴，产生前进的动力。

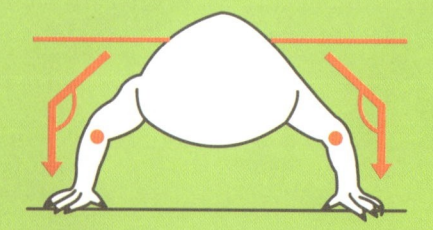

在陆上
跑步时，它们抬起身体，用微微弯曲的腿支撑自己。

凯门鳄

凯门鳄是短吻鳄的一类，除了体型较小，嘴短而宽外，它们与其他鳄鱼并无太大差别。凯门鳄主要栖息于中美洲和南美洲的河流与沼泽，在由草、泥和树叶做成的巢中产卵。

腿

鳄鱼用四肢在陆地上行走，腹部常常接触地面。

鳄鱼

鳄鱼庞大而凶猛，其中一些在成年后甚至超过6米。它们喜欢突袭猎物，用有力的下颚迅速控制目标，将其拖至水中溺死，然后旋转猎物的尸体，把它们撕成碎片。

1 小时

这是尼罗河鳄鱼可以在水下闭气的时间。

鼻孔

当鳄鱼潜入水下，它们的鼻孔会闭合。

眼睛

鳄鱼有敏锐的视觉，能够计算出猎物的距离。潜水时，它们可以用透明的皮肤薄膜遮住眼睛。

牙齿

鳄鱼的牙齿数量在64和68之间。当它们合上嘴的时候，下颚的第四颗牙齿仍暴露在外。

嘴

鳄鱼的口腔后部有一层薄薄的皮肤，可以防止进水。

海洋生命

在地球上，海洋是最大的生物栖息地，生活着许多不同的物种。不同海洋区域的环境和食物，赋予了这些物种奇妙且各异的体型和外观。

水下 500 米
白天的日光可以照射进这片区域，这足够让这里的生物看清环境。

温度
温度是影响海洋物种分布的主要因素。地球海洋被分为五个主要的气候区，我们甚至可以根据温度的不同，判断在某个海洋区域内生活着哪些物种。

■ 赤道　■ 热带　■ 亚热带
■ 温带　■ 极地

水下 4 000 米
这里光线昏暗，食物匮乏，不足以维持植物的生命。

特有种
特有种只生活在某个特定的地方，例如左图中的刺鲀，我们只在大西洋的热带水域里发现过它。

6 000 米以下
这个深度的海域极其寒冷。

海洋生命 18

海洋表层
这片区域有最适宜的温度，最丰富的食物和最充沛的光线，适合植物的生长。

有些动物能够发出绿色的光，用来吸引猎物或是恐吓潜在的敌人。

水下6 000米
光线无法到达，海水的温度很低，几乎没有食物。

海洋区域
根据海水温度的不同，可以将海洋中的生命按圈层划分。随着海洋深度的增加，光线削弱、温度降低，生物愈发难以生存。

80种
这是濒临灭绝的海洋物种的数量。

奇怪的鱼

虽然从内部构造看，所有的鱼都是相似的，但它们的外表并不都一致，有些长得非常怪异，这是为了适应各自所处的环境，更好地生存。

镖鲈
镖鲈的名字来源于背鳍的形状，它们体型小，色彩鲜艳。

羽毛鲀
这种鱼全身长满了羽毛。

不同寻常的鱼
有些鱼类数量稀少，有些外形奇特，有些罕为人知……这些都可以被称为不同寻常的鱼。

喇叭鱼
喇叭鱼和海马是近亲。

10 倍
雌性鮟鱇鱼的体型是雄性的10倍，后者通常寄生在雌鱼的身体侧面。

红手鱼
这条鱼不是在游动，而是在海床上拖着身体前行。

蝎子鱼
这条鱼将自己伪装起来，几乎与海底融为一体。

奇怪的鱼

刀鱼
刀鱼的名字源自长尾鳍，它们生活在亚洲的河流里。

盔鱼
幼年盔鱼的身上有眼睛形状的圆点，用来迷惑捕食者。

淡水神仙鱼
神仙鱼有着奇怪的外形，这让它们能自如穿梭于水生植物间而不被发现。

虽然有些鱼类长着角形或耳形的附属物，但其实鱼是没有耳朵的，它们的听觉器官隐藏在体内。

两栖动物

青蛙、蟾蜍、蝾螈和蚓螈都是两栖动物。目前已知的两栖动物大约有6 000种，它们都有脊椎，因此也属于脊椎动物。两栖动物在水里度过幼年期，但成年后通常生活在陆地上。

声音

雄性青蛙和蟾蜍的声音比雌性大得多。为了让声音更响亮，它们会在喉边的气囊里充气。

分类

两栖动物分为三个目：

1 无尾目
青蛙和蟾蜍。成年后，它们的尾巴会消失。

2 有尾目
蝾螈和鲵。尾巴会伴随它们的一生。

3 无足目
看起来像蠕虫，既没有腿也没有尾巴。

1 欧洲树蛙
常常居住在距离人类较近的地方。

2 虎纹蝾螈
最花里胡哨的两栖动物之一。

3 环管蚓
外观是一条又大又粗的蠕虫。

幼年期的两栖动物，例如蝌蚪形态的青蛙和蟾蜍，生活在水中，通过外鳃呼吸。成年后，逐渐发育出了简单的肺，但大部分呼吸作用是通过皮肤完成的，因为它们的皮肤可以吸收溶解在水中的氧气。

食谱

成年的两栖动物大多以蜘蛛、毛虫、苍蝇、甲虫等小动物为食。它们的舌头又长又黏，可以稳准狠地捕获猎物。

两栖寿星

两栖动物中，日本大鲵拥有第二大的体型和最长的寿命，可以存活55年。

180.34 厘米

这是世界上最大的两栖动物——中国大鲵的长度。现如今它是高度濒危物种。

鸟类

鸟类是卵生的温血动物，身体布满羽毛，它们的嘴被称为喙，里面没有牙齿。鸟类的翅膀相当于人类的手臂，能帮助它们自由飞行，但是，一些鸟类已经在漫长的进化过程中失去了飞行的能力。

飞行

鸟类的外形和羽毛都有利于它们在空中翱翔。此外，它们还有强壮的肌肉和轻盈的骨骼，这些骨头是中空的，里面充满了空气。

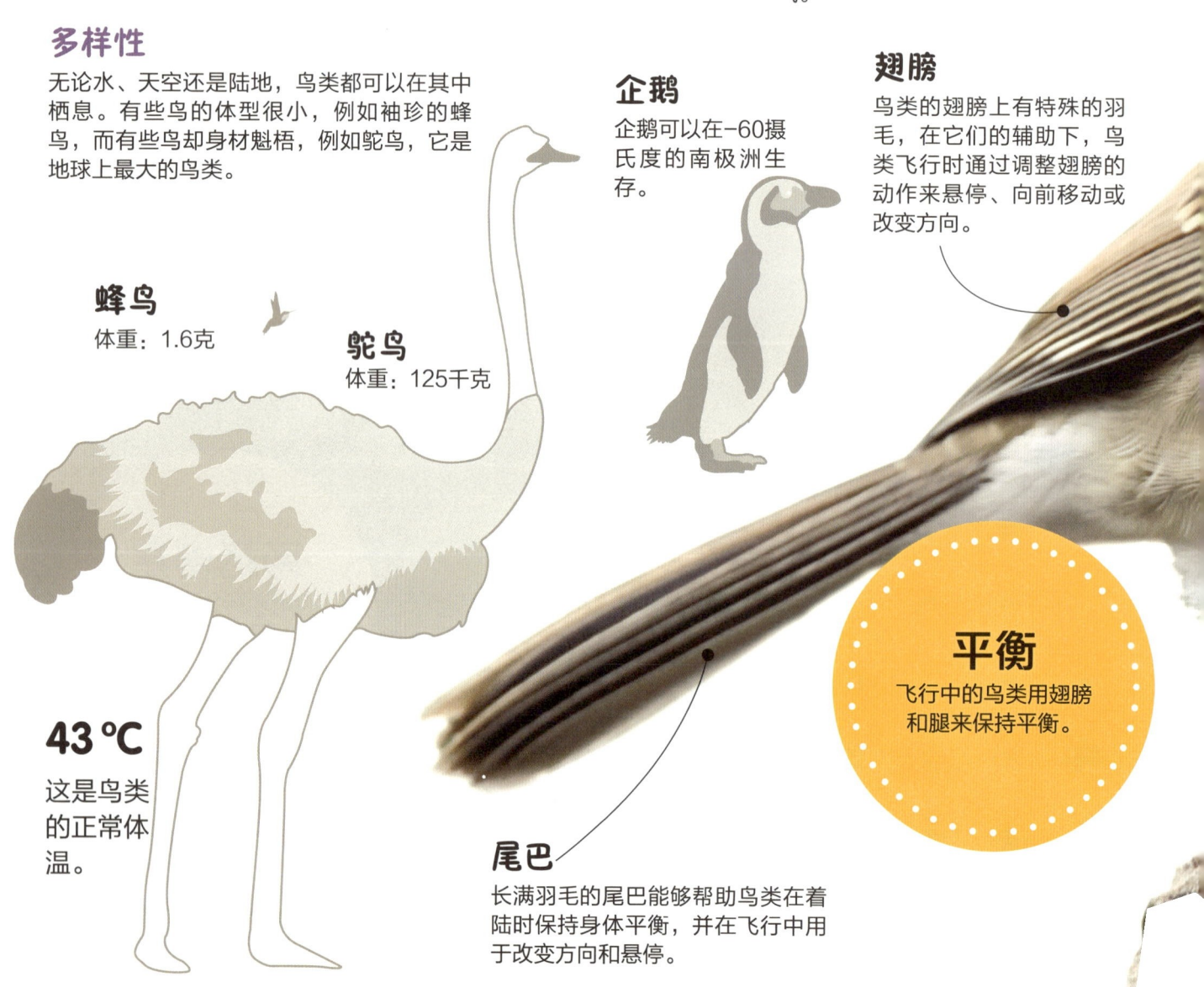

多样性

无论水、天空还是陆地，鸟类都可以在其中栖息。有些鸟的体型很小，例如袖珍的蜂鸟，而有些鸟却身材魁梧，例如鸵鸟，它是地球上最大的鸟类。

企鹅

企鹅可以在-60摄氏度的南极洲生存。

翅膀

鸟类的翅膀上有特殊的羽毛，在它们的辅助下，鸟类飞行时通过调整翅膀的动作来悬停、向前移动或改变方向。

蜂鸟
体重：1.6克

鸵鸟
体重：125千克

43 °C
这是鸟类的正常体温。

平衡

飞行中的鸟类用翅膀和腿来保持平衡。

尾巴

长满羽毛的尾巴能够帮助鸟类在着陆时保持身体平衡，并在飞行中用于改变方向和悬停。

视觉和听觉
鸟类的视觉和听觉都很发达。

喙
同它们的爪和羽毛一样，鸟类的喙一生都在生长。

胸

9 600 种
地球上大约有9 600种鸟类。

脚
鸟类的脚趾通常有三个向前，一个向后。

鸟类的鉴别
鸟类有各异的羽毛和皮肤，以及不同形状的喙。仔细观察就可以通过这些特征来区分鸟类的不同种类。这里还有一些具体的鉴别要素：

环绕眼睛的圈

眼睛后部的斑点

面具般的脸部色块

眼镜状花纹

冠

色彩斑斓的脸

鸟的飞翔

除了在飞翔和滑翔间的转换调整动作，大多数鸟类仅仅通过不断扇动翅膀就可以飞行。拍打翅膀需要消耗大量的能量，因此，不同的鸟类会根据自身体型的大小来调整飞行方式。那些体型较大的鸟类，必须更用力地拍打翅膀才能支撑自己的身体，但飞行速度也缓慢了不少。

飞行

飞行是大多数鸟类的出行方式，也是帮助它们逃避捕食者、捕捉猎物和求偶的生活技能。

滑翔

滑翔时，鸟类其实在节省能量。此时，它不再拍打翅膀，而是借助风来飞行，随后被爬升气流带到高处后下滑，直到与另一股气流相遇，并借机再一次飞起。

起飞

鸟类拍打几下翅膀就可以轻松地飞起来。

升高

通过调整翅膀的角度，并借助风力，这只鸟能够继续高飞。

滑翔

鸟类在滑翔中慢慢下降。

随风而起

在这种飞行模式下，鸟类先拍打翅膀，直到上升至某个高度，然后折叠翅膀，让自己自由下落。接着它会再次拍打翅膀，利用下落时获得的力量再次上升。

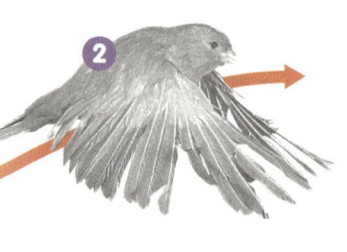

爬升 ①
鸟类拍打翅膀。

② ③

下落
下落的过程中，鸟类的翅膀折叠收拢在身体两侧。

集体飞行

集体飞行时，作为领航员的鸟开辟飞行路线，为身后的同伴们提供方便，减少它们的能量消耗。通常情况下，集体飞行的鸟群会呈现L形飞行，例如鹈鹕，或者呈现V形飞行，例如大雁。

轮换

领航鸟采取轮休的模式，当一只退下时，会有另一只鸟接替它。

降翅

当翅膀落下时，上面的羽毛就会重新合拢。

振翅

当鸟类飞翔在天空时，它们看起来像是在用翅膀划船。翅膀的每次拍打都能让它们留在空中并继续前行。

展翅

翅膀末端的羽毛按自下而上的顺序逐渐展开。

借势

当翅膀运动到身体后方时，这只鸟就获得了新的能量，将它们重新举起。

50 千米/每小时

没有风的情况下，鹈鹕的平均飞行速度。

最快的振翅

蜂鸟不会滑翔，它只能通过快速拍打翅膀来保持飞行，或者在空中悬停。某些种类的蜂鸟甚至可以在一秒内振翅70次。此外，蜂鸟还是唯一能向后飞行的鸟。

自然世界

不会飞的鸟

一部分鸟类是不会飞行的，其中有些是因为体重过大而无法起飞，有些翅膀严重退化乃至消失，还有些虽然翅膀不小，但自身并不愿意飞行。不会飞的鸟有的栖息在陆地上（陆生），有的喜欢划水（水生）。

水生鸟类
企鹅作为水生鸟类，是不会飞的典范。它们的翅膀更像是鳍状的肢体，可以用来快速熟练地游泳。

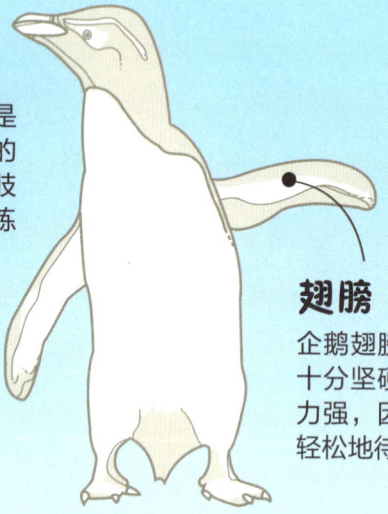

翅膀
企鹅翅膀上的骨头十分坚硬，抗压能力强，因此它们能轻松地待在水下。

72 千米/每小时
这是鸵鸟在奔跑时能达到的最快速度。

游泳健将
企鹅的脚有四个蹼趾，都朝向后方。游泳时，它们用蹼趾、翅膀和尾巴来改变方向。

潜水
企鹅的翅膀很像鳍，而脚和尾巴则起到支撑身体的作用。

呼吸
在两次潜水的间隙，企鹅必须跃出水面进行呼吸。

休憩
当企鹅用翅膀和腿缓慢划水时，那它们可能是在休息。

不善飞翔

大约有260种鸟类只能用爆发的力量飞行一小段距离，鸡就是其中之一。比起飞翔，它们更擅长用腿行走、奔跑和刨地。

1. 奔跑和跳跃
2. 迅速但笨拙地拍打翅膀
3. 紧急降落

许多陆生鸟类有着健壮的双腿，可以快速奔跑以逃避捕食者或追捕猎物。

骨骼

奔跑者

在陆生鸟类中，走禽是奔跑健将。它们的翅膀很小，不能用来飞翔，但它们有着发达的双腿，可以自由行走。

几维鸟
它们的翅膀藏在羽毛里，小到几乎看不见。

鸵鸟
鸵鸟在奔跑时用翅膀来保持平衡。

鹤鸵
这种大型的鸟有着强壮、发达的腿。

美洲鸵鸟
它们的腿很长，视觉敏锐，是个捕猎高手。

不会飞的鸟 28

哺乳动物

哺乳动物是温血脊椎动物,毛发浓密,通过肺部呼吸,能保持体温恒定。雌性哺乳动物可以分泌乳汁来喂养幼崽。哺乳动物对各种环境都有很强的适应能力,因此它们的栖息地遍布全世界。

栖息地
哺乳动物的栖息环境决定了它们的某些身体特征,例如海豹的爪子适合捕鱼和游泳,鹿有优秀的模仿和奔跑能力。

毛发
大多数哺乳动物的身体都覆盖着浓密的毛发,只有海洋哺乳动物是例外。虽然在出生时可能有过毛发,但成年后的它们全身都是光滑的,例如海豚和鲸。

母乳
哺乳动物的幼崽在出生后以母乳为食。

哺乳动物 | 30

恒温
作为温血动物，哺乳动物可以让自己的体温保持恒定。但包括熊在内的部分物种会通过降低体温来冬眠过冬。

人类
人类也是哺乳动物，属于灵长类。大猩猩和猴子也在这一类别里。

牙齿
乳牙是它们的第一批牙齿。大多数哺乳动物的乳牙在它们成年后会被新牙取代。

5 000 种
目前已知的哺乳动物超过了5 000种。

四肢
哺乳动物都有四肢，方便它们在陆地上行走。海洋哺乳动物的四肢适应了水中生活，蝙蝠的上肢则被当作翅膀使用。

繁殖
根据繁殖方式的不同，我们可以将哺乳动物分为三种类型：

活体分娩
大多数哺乳动物的幼子是在母体内发育的。

有袋发育
有袋类的哺乳动物会生下没有完全发育的幼崽，然后在育儿袋继续抚养它们。

卵生
针鼹和鸭嘴兽是仅有的能产卵的哺乳动物。

哺乳动物的生命周期

出生、成长、繁殖、死亡，所有动物在生命周期里都会经历相同的基本阶段。对于哺乳动物而言，虽然它们繁殖方式、怀孕时间、哺乳时间以及个体寿命等方面存在差异，但它们的生命周期都是相同的。

准备繁殖
兔子出生后5~7个月就可以繁殖下一代，骆驼则要等到3~5岁。

幼崽发育
哺乳动物幼仔的重要器官都在母体内发育完成。

90 岁
这是某种鲸类的寿命。

哺乳
在长大到可以消化固体食物之前，所有哺乳动物在幼年时期都是只以母乳为食的。

幼崽
兔子每次能生产3~9只幼崽，一年可产5胎以上。

幼崽数量
通常来说，越大的动物，同时产下的幼崽数就越少。

奶牛 1只

山羊 2~3只

狗 3~8只

鼠 6~12只

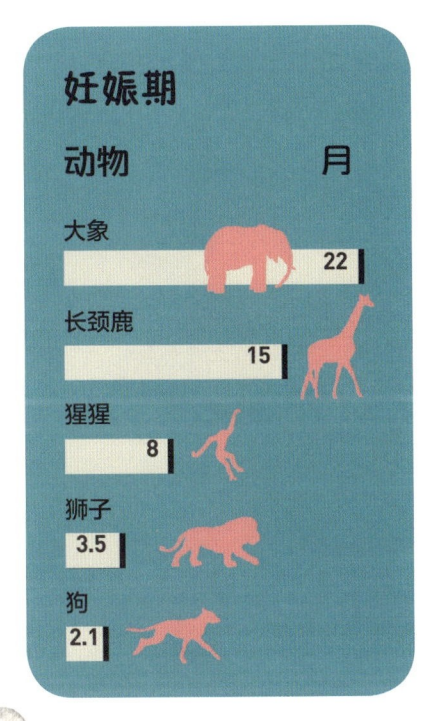

哺乳动物的生命周期 | 32

妊娠期

动物	月
大象	22
长颈鹿	15
猩猩	8
狮子	3.5
狗	2.1

走走看看
幼小的考拉宝宝会紧紧依偎在妈妈的肩膀上，跟着她从一个地方到另一个地方。

袋中生活
幼崽出生后，就会在育儿袋里，以母乳为食。

怀孕
孕期是幼体在母体子宫里度过的一段时间。兔子的妊娠期是28~33天，而大象则持续22个月。

有袋动物
根据物种的不同，有袋动物的孕期为9~35天不等。雌性的身体前部有一层皮肤，幼崽出生后，会在这个育儿袋里继续发育完全。

人类
人类也是哺乳动物。

单孔目
产卵的哺乳动物属于单孔目，针鼹就是其中之一。它们的卵有12天的孵化期，孵化后，小针鼹还要在妈妈的育儿袋里继续度过50天。

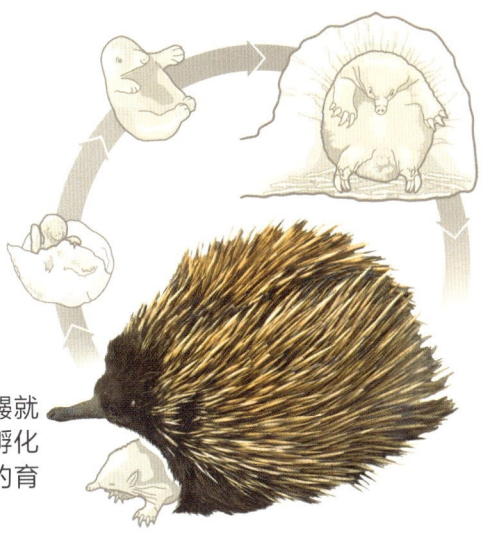

速度和运动

在特定的栖息地里,哺乳动物往往能发挥最大的优势,其中,运动方式对它们至关重要。有些哺乳动物可以攀爬,有些可以滑翔或游泳,还有一些可以快速奔跑,例如猎豹。

跳远
很多哺乳动物都是跳远健将,例如袋鼠和山羊。

最高速度
不同的哺乳动物有各自的最高速度。

每小时2千米	每小时30千米	每小时37千米	每小时40千米	每小时64千米	每小时67千米	每小时75千米	每小时115千米
树獭	大象	人类	抹香鲸	灵缇犬	马	野兔	猎豹

速度和运动

飞鼠
飞鼠从一棵树跳到另一棵树时，会伸展出一层薄薄的皮肤，以便在空中滑行。

最快
奔跑时，猎豹苗条的身体可以自如舒展，它们的腿也比其他猫科动物长。这样的身材使它们能够在短时间内快速追逐猎物。

115 千米/每小时
这是猎豹的极限速度。

游泳健将
海豚和鲸鱼都擅长游泳，它们通过上下摆动尾巴获得向前的动力，然后用鳍改变方向。

最慢
树懒是最慢的哺乳动物，它一天中大部分时间都挂在树枝上。活动时，会用巨大的爪子爬过树梢，但最快也只有每小时2千米。

自然世界

濒危哺乳动物

科学家认为有这样一种可能，未来30年，在现存的哺乳动物中，大约有四分之一会完全消失或灭绝。

15%
欧洲哺乳动物中，濒临灭绝的物种占了15%。

大熊猫
因为自然栖息地的破坏和非法盗猎，中国的野生大熊猫濒临灭绝。

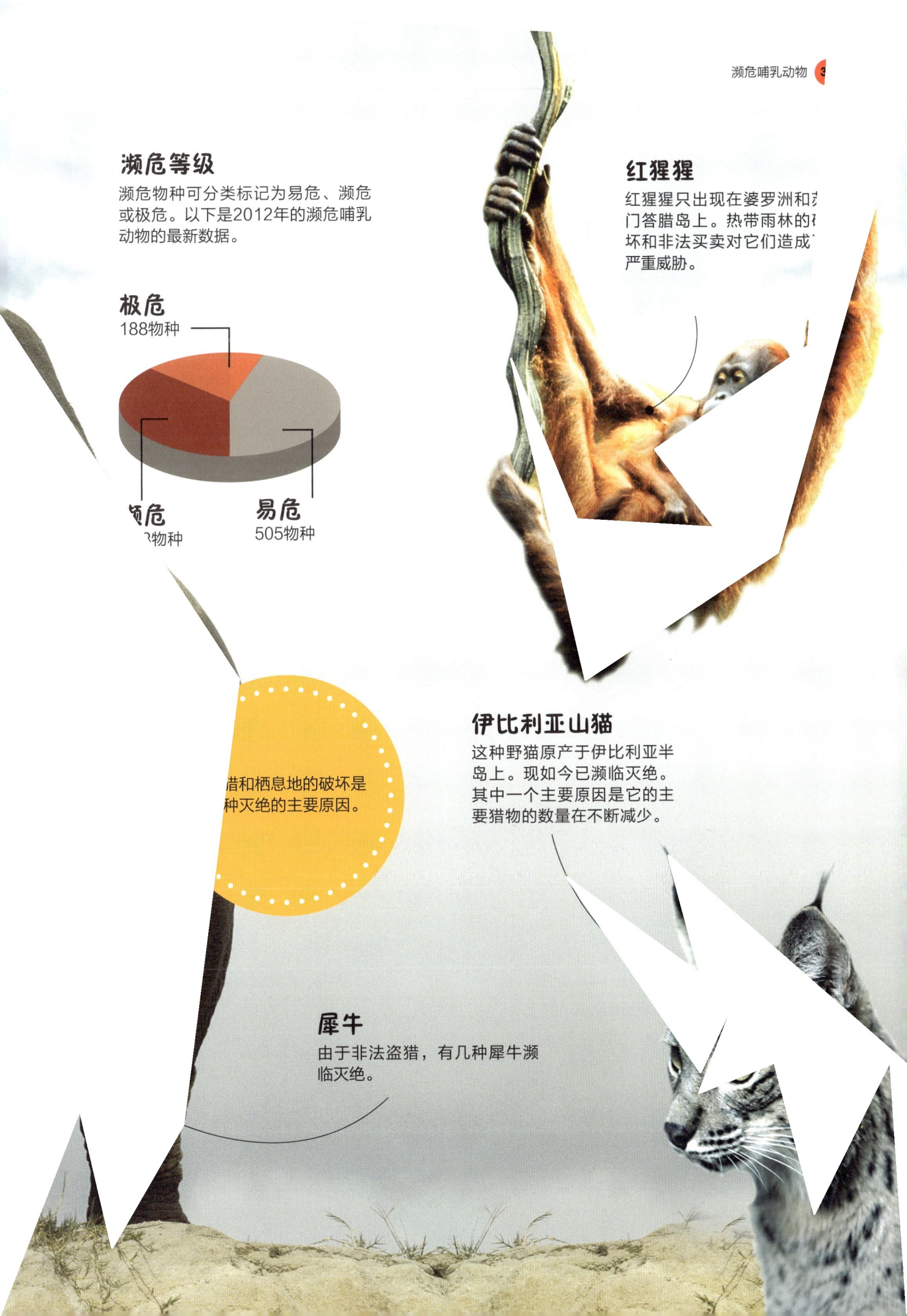

濒危哺乳动物

濒危等级
濒危物种可分类标记为易危、濒危或极危。以下是2012年的濒危哺乳动物的最新数据。

极危
188物种

濒危
物种

易危
505物种

红猩猩
红猩猩只出现在婆罗洲和苏门答腊岛上。热带雨林的破坏和非法买卖对它们造成严重威胁。

猎和栖息地的破坏是种灭绝的主要原因。

伊比利亚山猫
这种野猫原产于伊比利亚半岛上。现如今已濒临灭绝。其中一个主要原因是它的主要猎物的数量在不断减少。

犀牛
由于非法盗猎，有几种犀牛濒临灭绝。

版权专有 侵权必究

图书在版编目（CIP）数据

万物有道理：图解万物百科全书：全5册 / 西班牙Sol90公司著；周玮琪译. —北京：北京理工大学出版社，2021.5

书名原文：ENCYCLOPEDIA OF EVERYTHING!

ISBN 978-7-5682-9478-2

Ⅰ.①万… Ⅱ.①西…②周… Ⅲ.①科学知识—青少年读物 Ⅳ.①Z228.2

中国版本图书馆CIP数据核字（2021）第016021号

北京市版权局著作权合同登记号 图字：01-2020-6287

Encyclopedia about Everything is an original work of Editorial Sol90 S.L. Barcelona
@ 2019 Editorial Sol90, S.L. Barcelona

This edition in Chinese language @ 2021 granted by Editorial Sol90 in exclusively to Beijing Institute of Technology Press Co.,Ltd.

All rights reserved

www.sol90.com

The simplified Chinese translation rights arranged through Rightol Media（本书中文简体版权经由锐拓传媒取得Email:copyright@rightol.com）

出版发行 /	北京理工大学出版社有限责任公司
社　　址 /	北京市海淀区中关村南大街5号
邮　　编 /	100081
电　　话 /	（010）68914775（总编室）
	（010）82562903（教材售后服务热线）
	（010）68948351（其他图书服务热线）
网　　址 /	http：//www.bitpress.com.cn
经　　销 /	全国各地新华书店
印　　刷 /	雅迪云印（天津）科技有限公司
开　　本 /	889毫米×1194毫米　1/16
印　　张 /	13.5
字　　数 /	200千字
版　　次 /	2021年5月第1版　2021年5月第1次印刷
定　　价 /	149.00元（全5册）

责任编辑 / 马永祥
文案编辑 / 马永祥
责任校对 / 刘亚男
责任印制 / 施胜娟

图书出现印装质量问题，请拨打售后服务热线，本社负责调换